致我聪明的侄女们：贝拉、埃尔茜和克拉拉。

——海伦

献给我亲爱的家人和最好的朋友岑骏。

——Lisk

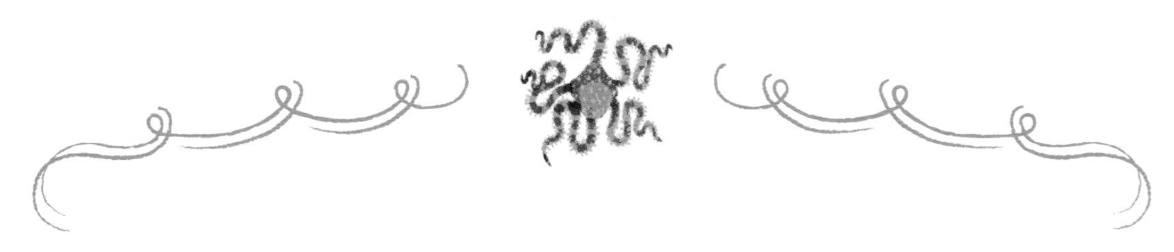

海伦·斯凯尔斯 著

海伦·斯凯尔斯（Helen Scales）是一名海洋生物学家。在担任潜水长的工作时，她认识并了解了大堡礁，开始向其他潜水者介绍大堡礁里的生命奇迹。海伦撰写书籍和文章，制作广播节目，在剑桥大学任教，并担任英国保护海洋生物的慈善机构“海洋改变者”的咨询顾问。

Lisk Feng 绘

Lisk Feng，本名丰风，是一名来自中国的获奖插画家，现居纽约。她曾经与《纽约客》、苹果、爱彼迎（Airbnb）、《纽约时报》和香奈儿等品牌合作，从事编辑、广告和出版方面的工作。她的作品曾获得美国插画家协会银奖、美国传达艺术奖（CA奖）的卓越奖、“3×3”国际插画大赛银奖和美国插画奖。2019年，她与“飞眼”（Flying Eye）图书公司出版的《珠穆朗玛峰》获得博洛尼亚最佳童书奖。

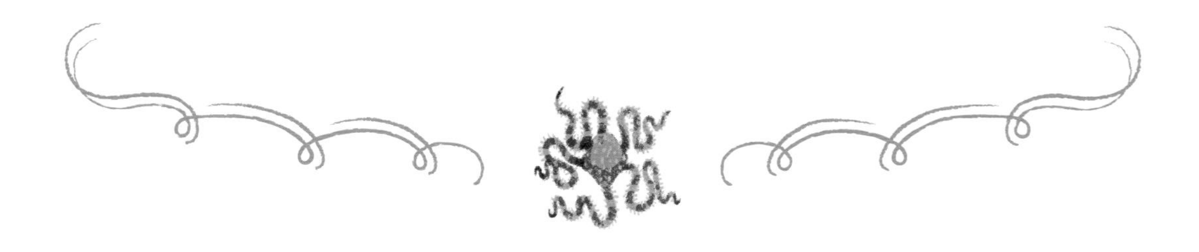

浪花朵朵

THE GREAT BARRIER REEF

大堡礁

[英] 海伦 · 斯凯尔斯 著　Lisk Feng 绘　曾千慧 译

海峡出版发行集团
THE STRAITS PUBLISHING & DISTRIBUTING GROUP
海峡书局

目 录
CONTENTS

引言

本书介绍了一个世界上伟大的自然奇观。它是一个水下奇迹，一处动人心弦的美好场景，色彩斑斓，生机勃勃，既壮美，又脆弱。

它，就是大堡礁（the Great Barrier Reef）。

关于大堡礁

认识大堡礁

　　大堡礁是世界上最大的珊瑚礁系统，沿着澳大利亚的海岸绵延2300多千米，覆盖的面积有7000万个足球场那么大。如果你也想走上2300多千米，那么你要走上三个星期，而且这三个星期还不包括停下来吃饭或睡觉的时间！顺着长长的海岸线，你可以看到众多岛屿，岛屿上有闪闪发光的白色沙滩，沙滩边缘镶嵌着绿色的红树林，还有如丝带蜿蜒的珊瑚礁。

大堡礁也是一处世界遗产。

这些来自世界各处的珍贵地点之所以被选中成为世界遗产，

是因为它们令人惊叹，需要被珍惜和保护。

审图号:GS 京(2022)0033 号

*注：本书地图系原文地图。

大堡礁是怎么形成的？

*注：此图为板块示意图，非地图。

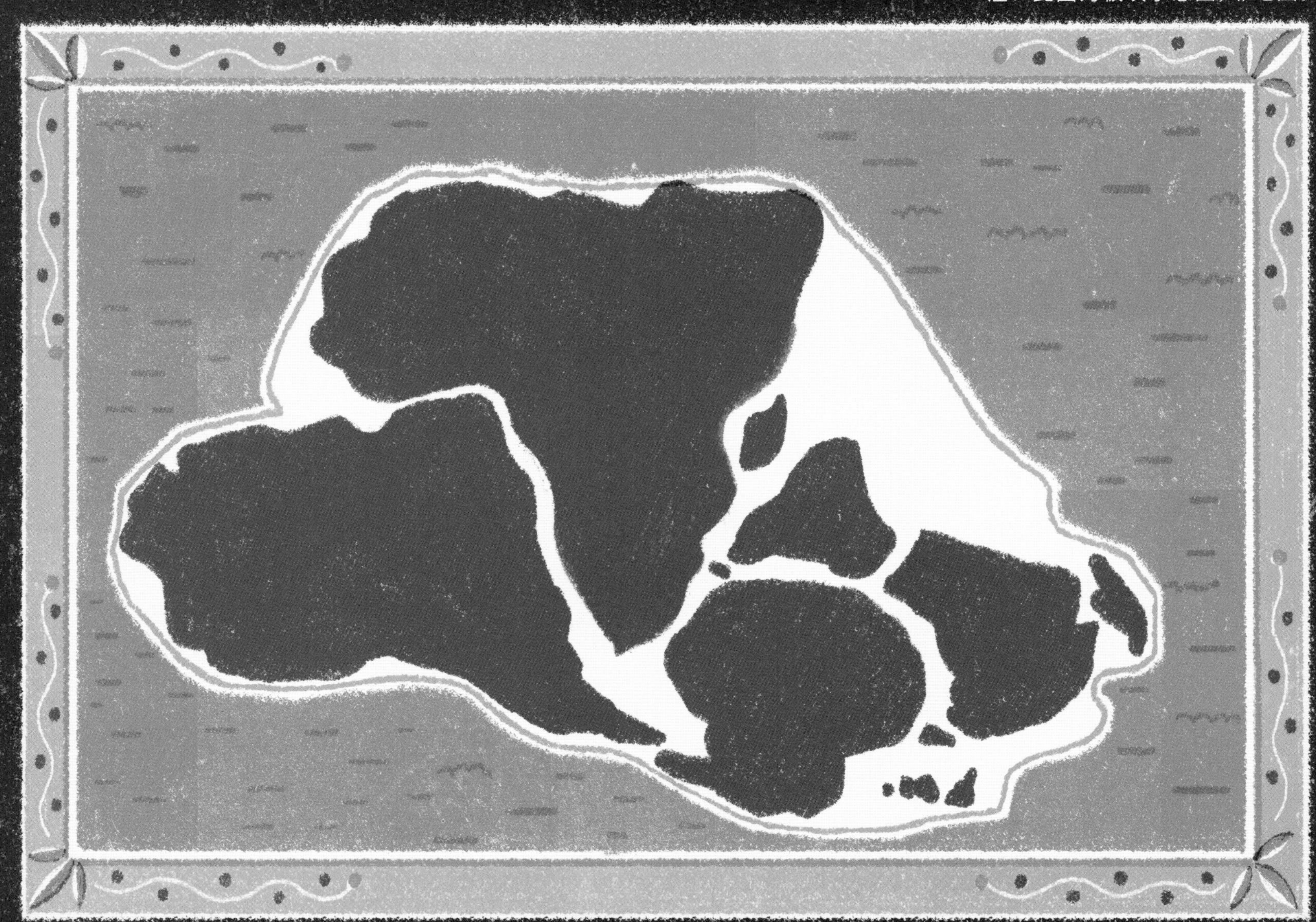

很久以前，澳大利亚并不是一个适合珊瑚礁生长的地方。那时的澳大利亚卡在南极大陆边缘，被冰冷的海水包围——这对珊瑚来说太冷了！

随后，在8500万年前（那时恐龙还活着），澳大利亚和南极大陆分开了，它开始向**赤道**移动，来到更接近它现在位置的地方。那时的地球还是很冷的，巨大的冰盖锁住了地球上的水，因此，当时的海平面比现在的还要低一百多米。

接着，随着上一个冰河时期在大约1万年前结束，世界变暖，冰盖融化，带来了一场规模庞大的洪水。海平面越升越高，高耸的悬崖消失在巨浪之下，山丘变成了岛屿。微小的珊瑚幼虫从其他地方的珊瑚礁漂来，在这片突然沉入水中的陆地上定居。当海水变得足够温暖时，珊瑚便开始繁衍，大堡礁也因此开始形成。随着海平面继续上升，有一些岛屿完全被淹没了，而水下的珊瑚还在继续向上、向外生长，直到它们成为宽阔而平坦的珊瑚礁。

建筑师珊瑚虫

大堡礁里生活着600多种珊瑚。倘若你仔细观察一块珊瑚，会发现珊瑚上布满斑点。这些斑点是珊瑚的**水螅体**：每一只水螅体都是一只幼小的珊瑚虫，它们有一张嘴、一个胃和一些触手。珊瑚的水螅体没有大脑，这与它们的近亲——水母和海葵，十分相似。每一块大珊瑚其实是一个珊瑚虫群体，由成百上千的水螅体组成。水螅体的身体柔软，但通常住在坚硬的**外骨骼**里。这些外骨骼跟粉笔和小鸡的蛋壳一样，都是由**碳酸钙**构成的。

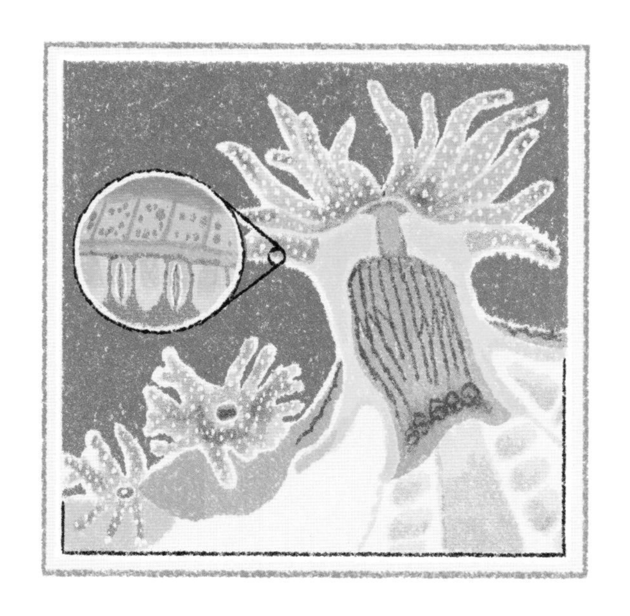

小小的秘密

借助**显微镜**，你可以发现水螅体隐藏的一个秘密——它们的身体内部有球状的细胞，这些细胞被称为“**虫黄藻**”。和陆地上的植物一样，虫黄藻会利用太阳能产生糖类。白天，珊瑚以这些糖类为食。夜晚，它们会变身成致命的猎手，用触手捕食一类微小的生物——**浮游生物**。一些浮游生物会长大，长成鱼或螃蟹，还有一些永远也长不大。

分支状珊瑚

柳珊瑚

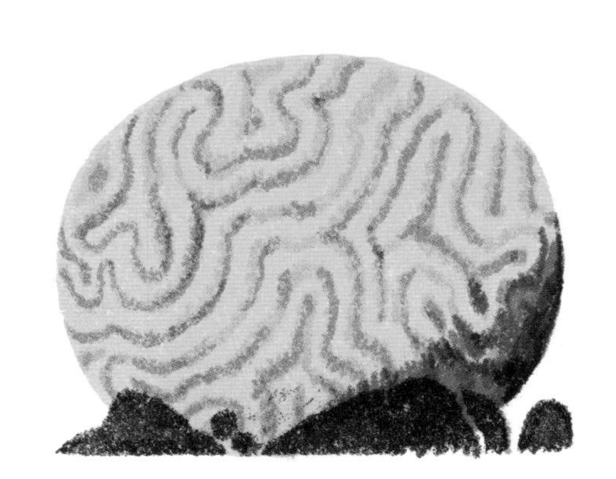

脑珊瑚

珊瑚可以分为不同的两大类——软珊瑚和硬珊瑚。
拥有坚硬外骨骼的是硬珊瑚，而没有外骨骼的是软珊瑚。

肉质软珊瑚

拟珊瑚海葵

热带暴风雪

每年，大堡礁都会爆发一场水下“暴风雪”。那个时候，这里仿佛变成了一颗巨大的水晶雪球……这些旋转的小雪花不是真正的雪花，而是数百万颗彩色的珊瑚虫卵。珊瑚会精确地在同一时刻释放这些卵。这是珊瑚在海洋里**繁殖**并扩散到新住所的一种方式。

旅行的幼虫

幼虫由受精的珊瑚虫卵孵化而来，看起来好像被碾碎的米粒。它们是高超的旅行者，将在海洋里漂浮数周，经历漫长而危险的旅程。许多幼虫会在旅途中被鱼类吃掉，而幸存的幼虫最终会在岩石或死亡的珊瑚残骸上安家，形成一丛全新的珊瑚。

参观大堡礁

人们从世界各地前来参观大堡礁。你可以通过乘坐底部由玻璃制成的小船来游览大堡礁，甚至也可以直接潜入水中——你只需要佩戴一个潜水面罩、一根通气管，可能还有一对脚蹼。

大堡礁潜水守则

为了保护大堡礁和你自己，要遵守黄金守则，那就是“不要触碰任何东西”。一些动物可能会蜇伤你，而且所有生活在大堡礁的生物都不愿意被人戳到。就像俗话里说的，我们“除了回忆，其他什么也别带走”。

安全的航道

英国船长马修·弗林德斯（Matthew Flinders）是第一位绘制澳大利亚海岸线地图的人。他也是第一位将澳大利亚的水下珊瑚礁迷宫命名为“大堡礁”的人。1801—1803年间，他成功地找到了穿行大堡礁的航路。时至今日，“弗林德斯航道”依然能引导船只穿过那里的珊瑚礁岩。

自给式水下呼吸器（SCUBA，即“水肺”）

如果你想成为一条鱼，用水肺潜水是最适合的方法。你需要先学会如何使用潜水设备，还要学习一系列课程，最终在获得潜水执照之后，才能下水。一次水肺潜水通常可以持续一到两个小时。

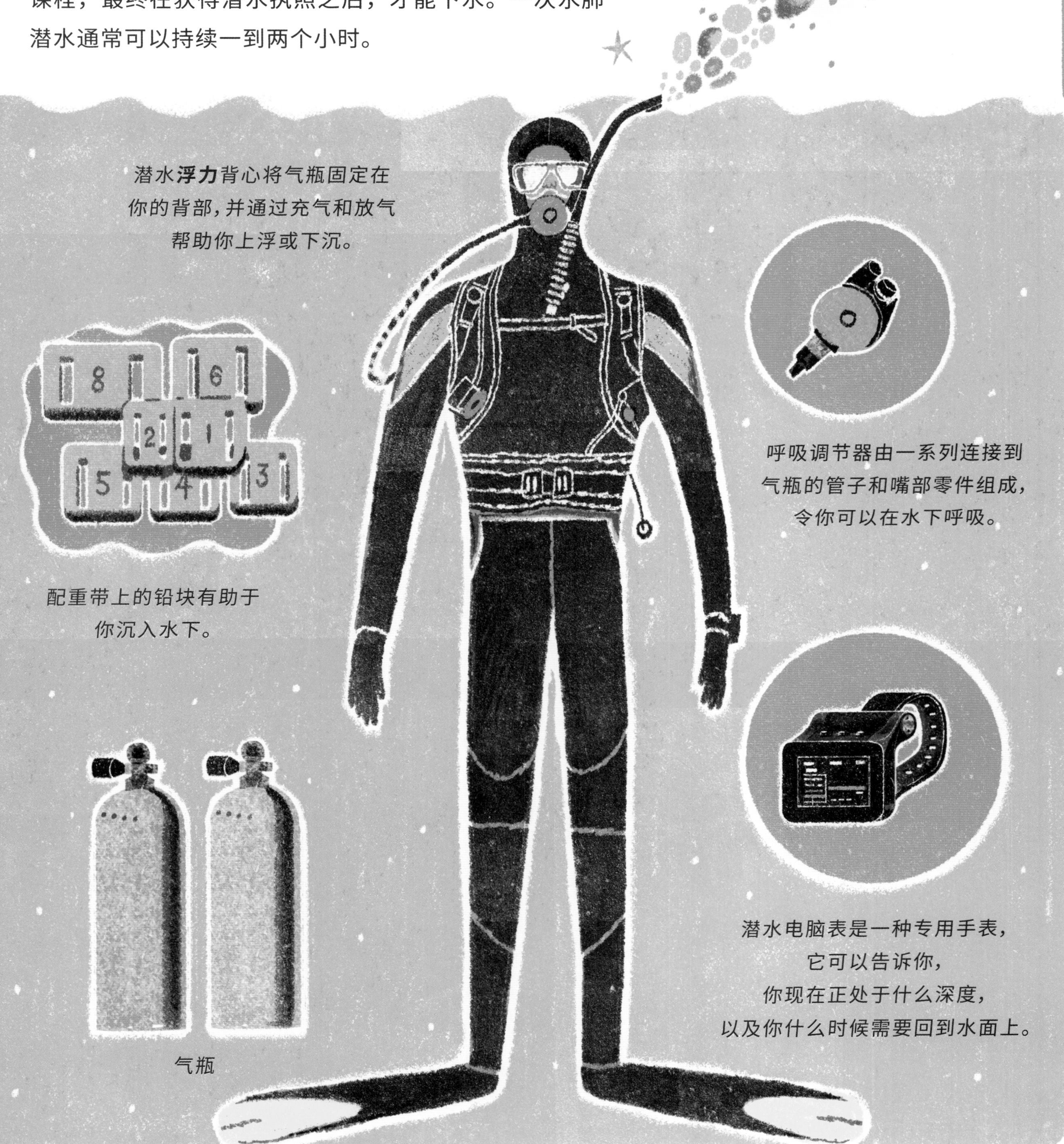

潜水**浮力**背心将气瓶固定在你的背部，并通过充气和放气帮助你上浮或下沉。

呼吸调节器由一系列连接到气瓶的管子和嘴部零件组成，令你可以在水下呼吸。

配重带上的铅块有助于你沉入水下。

潜水电脑表是一种专用手表，它可以告诉你，你现在正处于什么深度，以及你什么时候需要回到水面上。

气瓶

关于大堡礁的科学研究

科学家们经常造访大堡礁。他们在一些岛屿上建立了研究基地，一次可能在那里住上数周、数月甚至数年。因此，他们可以白天和晚上都去到同一地点，比以往更深入地了解大堡礁，从而获得了许多惊人的发现。

水面之下

有了新的潜水设备，科学家们可以比过去在水下潜得更深、待得更久。因为现在的设备能够过滤潜水者呼出的气体，吸收其中的**二氧化碳**，然后把气瓶里的**氧气**加到被过滤后的气体中，继续供给潜水者使用。如此一来，潜水者可以一次下潜到水下100米深的地方，并待上5个小时。

这种潜水方式不会产生任何气泡！科学家们可以在不干扰水流的情况下游到鱼的正上方。

水下机器人

为了观察到更深的地方，科学家们将可远程控制的机器人放到水中，这种机器人身上附有摄影设备。这些机器人为我们展示了大堡礁的珊瑚可以生活在水面以下多深的地方，那是远远超过此前任何人所想象的深度——125米！那里仍然有足够的光令珊瑚体内的虫黄藻存活。

借助声音“观察”

科学家们利用回声定位技术来研究水面以下珊瑚礁的最深处，就像鲸和海豚寻找猎物那样。他们利用**声呐**设备和强大的电脑，绘制出了非常细致的三维地图，来展现海底的地形地貌。

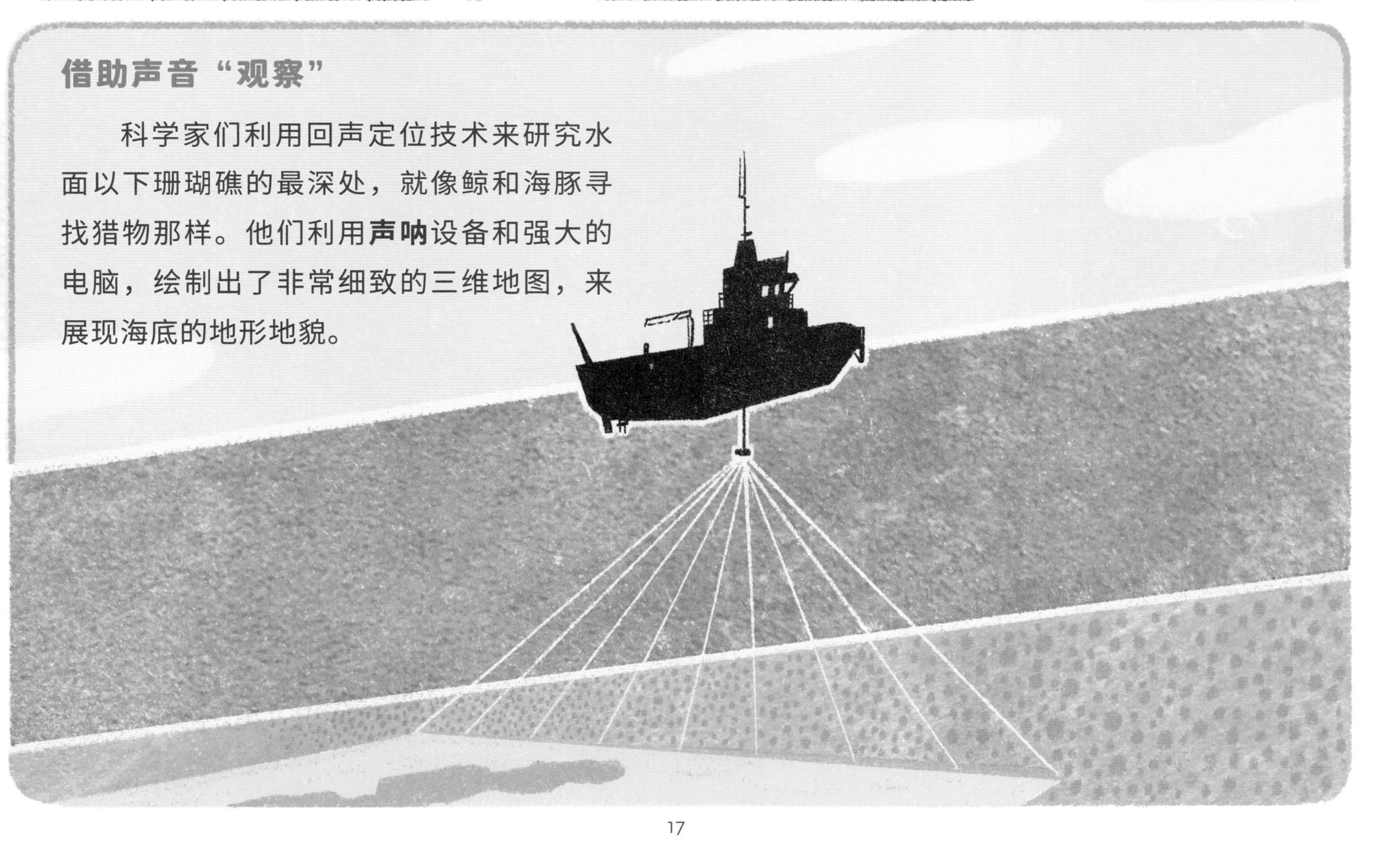

珊瑚教父

约翰·贝隆（John Veron）一生中几乎所有的时间都是在水下度过的。当他还在上学的时候，他的一位老师见他非常喜欢大自然，想到了进化论之父查尔斯·达尔文（Charles Darwin），因此亲切地称呼约翰为“查理”。于是，“查理”这个昵称伴随了约翰一生。

18岁的时候，查理学会了潜水，此后他成了研究珊瑚礁的专家。他得到了一份工作，成为大堡礁上的第一位专职科研人员。现在他已经70多岁了，还在潜水。

查理被人们称为“珊瑚教父”，世界上20%的珊瑚**物种**都是由他发现并鉴定的，这比历史上任何人的成果都要多。查理也是早期记录珊瑚白化现象的人之一，是他拍摄了第一张为世人所知的“奇怪白色珊瑚”的照片。那时他并不知道珊瑚生了什么病，之后才明白，这些珊瑚正在遭遇白化的厄运。

现在，查理十分担忧大堡礁的未来，他希望有越来越多的人能够关心和保护大堡礁。

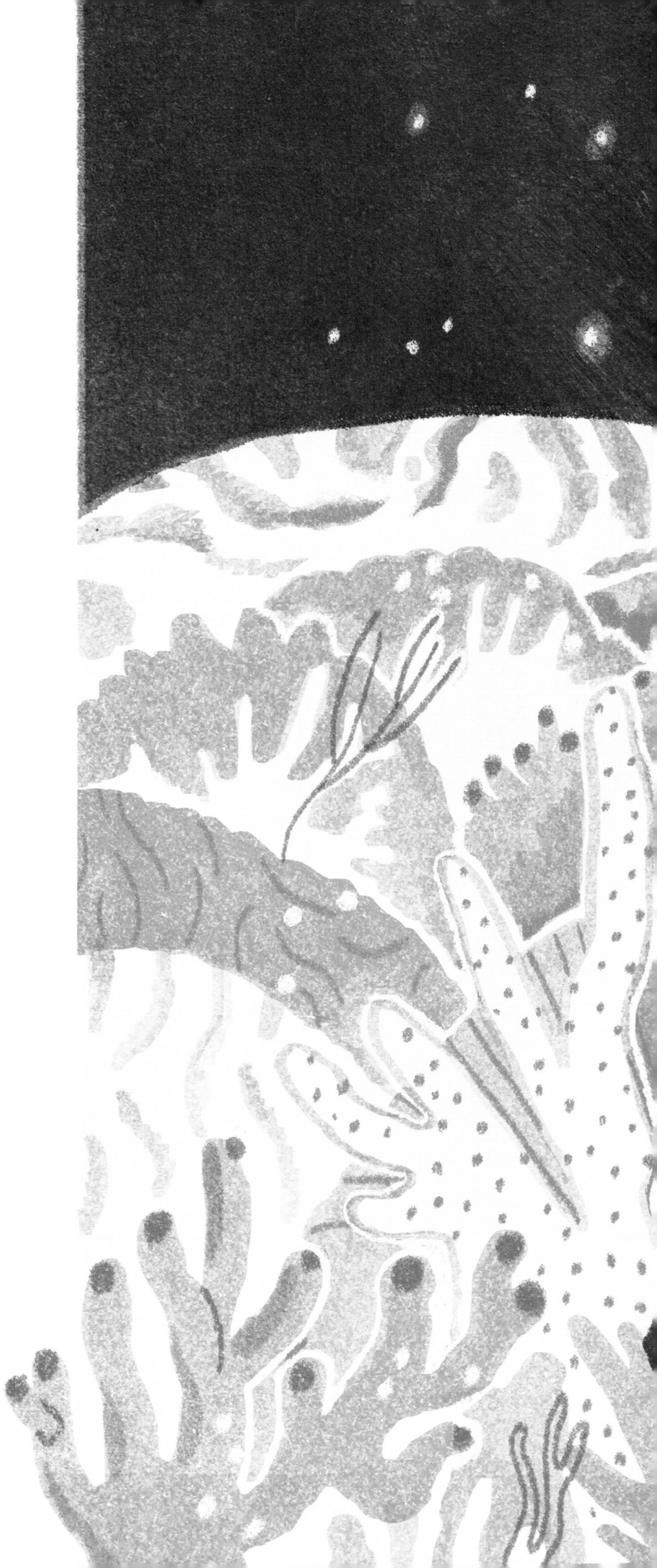

大堡礁里的居民

沉船遗迹

大堡礁是失事船只的水下坟墓，这里埋葬着800多艘沉船。它们有些撞上了暗礁，随后沉没。还有一些因为遭遇暴风雨，失去了踪迹。这些沉船躺在海底，逐渐被多彩的海洋生命覆盖，最后连自己也变成了礁——沉船礁。

大堡礁里最著名的沉船遗迹是“永嘉拉号”（SS *Yongala*）沉船。“永嘉拉号”是一艘蒸汽船，靠烧煤提供动力。一百多年以前，“永嘉拉号”载着乘客和货物沿着澳大利亚的海岸航行。1911年3月23日，悲剧降临了。一场可怕的风暴席卷了“永嘉拉号”所在的海域，船沉到了

海底。船上的122人全部遇难。

多年后，在1958年，一个名为比尔·柯克帕特里克（Bill Kirkpatrick）的渔民在钓鱼时，渔线被海底的一个大东西缠住了。比尔透过一个玻璃底的盒子向水中窥视，结果看到水面下有艘沉船，那就是“永嘉拉号”。

如今，“永嘉拉号”被评为世界绝佳沉船潜水点之一。每年有超过1万名潜水者慕名前来参观这处沉船遗迹。这里被如此之多的海洋生物所覆盖，以至于很难看出它曾经是一艘船。不过，这里随处都能看到船的特征，比如桅杆和船舵，甚至还能找到一间浴室和数间厕所。

认识大堡礁的居民

鱼类是大堡礁里最活跃、最容易被发现的动物。从游荡在珊瑚周围闪闪发光的鱼群，到在岩石间和缝隙中飞速穿梭的五彩斑斓的小小个体，这里有太多的鱼类物种可以探索。

鹦嘴鱼用喙状的“门牙”啃食海藻。当它们刮下海藻时，也会吞下大块的死珊瑚，然后用喉咙后面的第二副牙齿把死珊瑚磨碎。碎珊瑚中无法消化的部分被鹦嘴鱼从身体的另一端排出，变成沙子。事实上，许多热带海滩上的大部分沙子都是鹦嘴鱼粪便！

雀鲷照料着珊瑚礁上的海藻“农场”。如果有鱼试图偷走它们珍贵的“庄稼”，它们会非常生气，并且会赶走这些鱼，不管这些鱼有多大。同时，雀鲷还会碰撞牙齿，发出类似击鼓的响声。它们甚至会追逐人类潜水者！

大堡礁的植物

大堡礁附近的海底有茂盛的海草场，这里是数百万微小生物的家园。海草的叶子可以长到1.5米长，海草也有花粉、花朵、果实和种子，就像陆地上的植物一样。花粉漂浮在水中或黏附在蠕虫和幼蟹等小动物身体上，由此被带到新的地方。这些小小的花粉搬运工好似海洋里的蜜蜂！

为什么树木很重要呢？

树根有助于把土壤固定在一起，防止土壤被冲刷到珊瑚礁上，阻挡珊瑚礁宝贵的阳光。树根还能防止农田中的杀虫剂和其他污染物进入珊瑚礁。为了腾出空间建造农场，澳大利亚海岸的许多树木都被砍伐了。现在，土著居民、环保主义者和农场主正努力在海边重新种植本土树木和灌木，帮助拯救珊瑚礁。

海葵

植物还是动物？

许多珊瑚礁动物很容易被人们误认作植物或**真菌**。例如那些覆盖在珊瑚上的、微小的大旋鳃虫。它们是世界上唯一一种眼睛长在鳃里的动物！它们从虫管里伸出鳃，随时准备在危险出现的第一时间缩回管子里。大堡礁里存在着太多形态各异的奇妙海洋生物。

大旋鳃虫

形状犹如香肠的海参躺在海底，咕噜咕噜地翻动沙子。

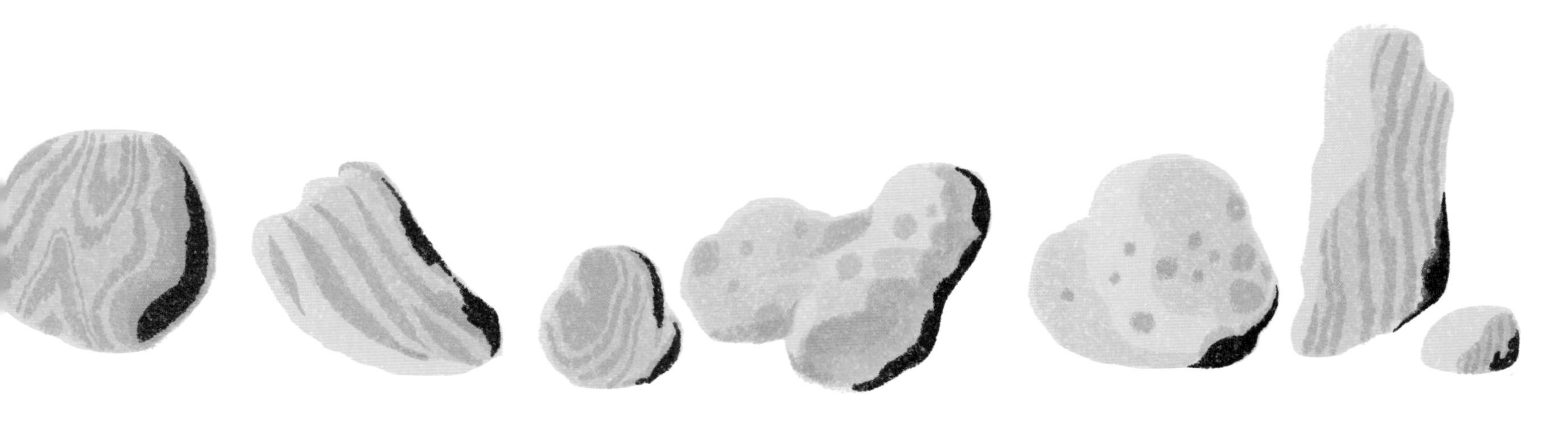

简单的海绵

大堡礁上覆盖着黏糊糊的斑点，就像有人打了彩虹色的喷嚏一样。这些多彩的斑点竟然也是动物！人们巧妙地将这些动物称为“海绵”。它们就像长满洞的袋子，一生都在吸水，过滤微小的残渣作为食物。许多其他动物视海绵为猎物，例如蝴蝶鱼。

海羊齿是海星的亲戚，它们的腿比大多数海星的腿还要多。

饥饿的海星

在以珊瑚礁为家园的动物中，有一种名为长棘海星的动物，它的存在对它的家园本身就是威胁。长棘海星可以长到汽车轮胎那么大，身上覆盖着数百根有毒的棘刺，它会爬到珊瑚上，把它的胃从嘴巴里翻出，直接消化活体珊瑚虫。

一只长棘海星每年可以产生6500万枚卵，不过在一般情况下，许多幼虫无法存活至成年。可是，在洪水或暴雨结束后，来自陆地的营养（例如农场的肥料）会被冲到大堡礁所在的海域。这些化学物质养活了海水里的浮游生物，浮游生物则养活了长棘海星的幼虫，这就令更多幼虫存活了下来。如此一来，成年长棘海星的数量剧增，它们覆盖了整片大堡礁，杀死了大面积的珊瑚。

为了减少长棘海星的数量，潜水者会试着尽可能多地捕捞长棘海星。但是一只一只地捕捞长棘海星只能保护个别珊瑚礁，通过这种方法来消灭所有长棘海星是不现实的，因为大堡礁沿线可能有数百万只的长棘海星。要控制长棘海星爆发式生长，需要尽最大的努力保持海水清洁，遏制海水污染。

软体动物

软体动物身体柔软，大部分软体动物体表覆盖有一层坚硬的保护性外壳，这层外壳也被称为“外骨骼”，也就是我们常说的贝壳。

贝壳甲胄

大砗磲拥有世界上最大的贝壳，重量可达到两头大象宝宝那么重。大砗磲和大堡礁里的其他**双壳类**软体动物（包括牡蛎和贻贝）一样，一生都待在这里。大砗磲有数百个微小的眼睛，一旦它们感受到捕食者正在靠近，就会“唰”地快速合上贝壳，保护内部柔软的身体。

芋螺用长长的**吻部**嗅闻出小鱼或小虫的位置，
然后射出充满毒液的**齿舌**刺伤猎物。
毒液会令猎物瘫痪**麻痹**，
随后芋螺就把失去知觉的猎物整个吞下。

海螺的外壳是螺旋形的，
它们用肌肉发达的腹足
（位于腹部的足）爬行。

新药物

科学家们已经发现，芋螺齿舌中的毒液所含的毒素是由数百种化学物质组成的，这类毒素被称为“芋螺毒素”。每一种化学物质都有特定的效果，例如令猎物瘫痪或昏迷。通过在实验室里“复制”这些强大的毒素，我们可以研发出新药物，例如止痛药。

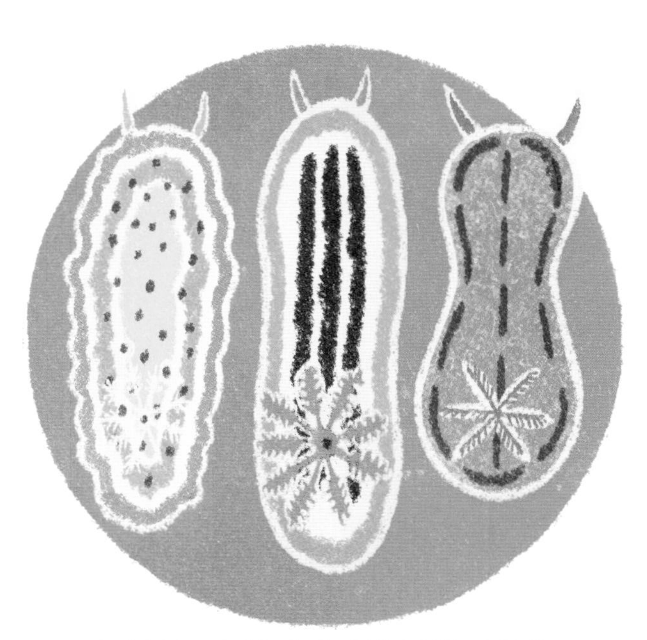

海蛞蝓，也被称为“裸鳃类动物”，
是没有壳的软体动物。
它们的味道尝起来很糟糕，
它们亮丽的颜色也在警告捕食者不要惹它们。

触手奇观

章鱼也是一类没有外壳的软体动物。这些聪明的**头足类**动物拥有比其他任何**无脊椎动物**更大的大脑。

一只章鱼有5亿个脑神经元，其中有一半位于它们的触手上。所以在某种程度上，章鱼的触手可以独立思考！触手上有敏感的吸盘，这些吸盘拥有触觉和味觉，能够判断哪些东西值得抓取，拿来食用。

在海底，你可能会看到一只章鱼背着椰子壳或空蛤蜊壳作为庇护所，
也可能会看到一只章鱼改变自己的颜色和纹理，
展现出**保护色**，与周围环境融为一体，直接在你眼前“消失”。

生活在大堡礁里的拟态章鱼面对许多其他动物，比如危险的海蛇和蓑鲉时，
会展现出惊人的颜色和形态变化。这种变化可能会吓跑想吃掉它们的动物。

钳子军团

大堡礁里生活着一千多种甲壳类动物。螃蟹、龙虾和虾都属于甲壳类，它们都有坚硬的外骨骼来保护自己的身体。和一生只有一副外壳的软体动物不一样的是，大多数甲壳类动物的身体长大时，原本的外壳会脱落，然后长出新的外壳。这些甲壳类动物长有钳形的螯，这些螯如果被捕食者损坏或咬掉，可以再生。

一起换新房！

寄居蟹和大部分蟹类不同，它们的腹部没有外骨骼，于是它们会寻找空的螺壳，然后住在里面。一旦寄居蟹长大了，旧的螺壳装不下了，它们就会聚在一起，按照个头儿从大到小排成长队。随后，寄居蟹们会快速出壳，躲进队伍中前一只寄居蟹腾出来的更大的壳里。

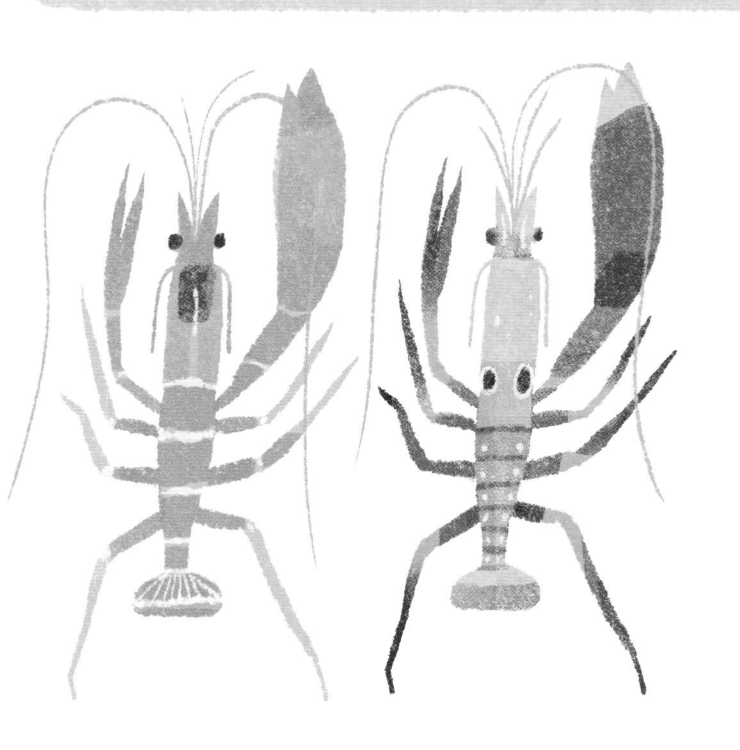

超级掠食者

数千只鼓虾在珊瑚礁里不断地制造爆裂声。每一只鼓虾都有一只大螯和一只小螯。当鼓虾猛地合上大螯时，水中会产生气泡，随着气泡破裂，发出巨大的爆裂声，同时释放出一道微弱的闪光。在这一瞬间，大螯周围的海水会被加热至4700摄氏度的高温——几乎和太阳表面一样热！大螯发出的冲击波可以击昏并杀死附近的小型猎物。

大堡礁里的伙伴关系

大堡礁里熙熙攘攘的生物们会结成亲密的伙伴关系，这就是所谓的**共生**。

古怪的搭档

海葵的触手带有蜇人的刺细胞。小丑鱼为了避开天敌袭击而躲在海葵触手里，它们在触手丛中游荡和摆动，给海葵带来生长所需的新鲜而富含氧的海水。小丑鱼还会赶走试图啃食海葵触手的蝴蝶鱼。

虾虎鱼是一类小鱼，平时和同伴一起住在沙穴里。这些同伴是……小虾！小虾的视力不太好，因此它们负责把沙穴清理干净，而虾虎鱼则负责在沙穴入口站岗，观察是否有危险来临。

清洁服务

有些鱼类通过给其他生物做清洁获得食物，我们称它们为“清洁鱼”或“医生鱼”。当一条小小的裂唇鱼（一种清洁鱼）钻进一条巨大的石斑鱼嘴巴里，石斑鱼并不会合上它的血盆大口。相反，它会完全静止，让裂唇鱼清理它的牙齿缝隙里的食物碎屑。裂唇鱼还会啃食珊瑚礁里其他鱼类的死皮、旧鳞片和吸血寄生虫，帮这些鱼保持清洁和健康。

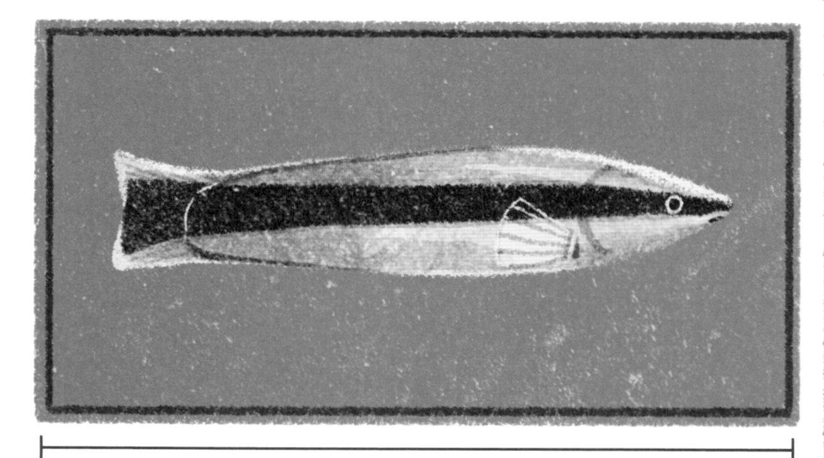

裂唇鱼

夜晚的大堡礁

当夜幕降临，白天活跃在大堡礁的鱼儿，例如刺盖鱼和蝴蝶鱼，都会寻找洞穴和岩石缝隙躲藏起来。鹦嘴鱼会吐出一个黏糊糊、臭烘烘的大泡泡，这是它的睡袋，鹦嘴鱼就睡在里面，以此掩盖自己的气味，躲避捕食者。但是如果你认为夜晚的大堡礁会变成宁静的栖息地，那你就错了。大堡礁的夜晚通常是最热闹的。

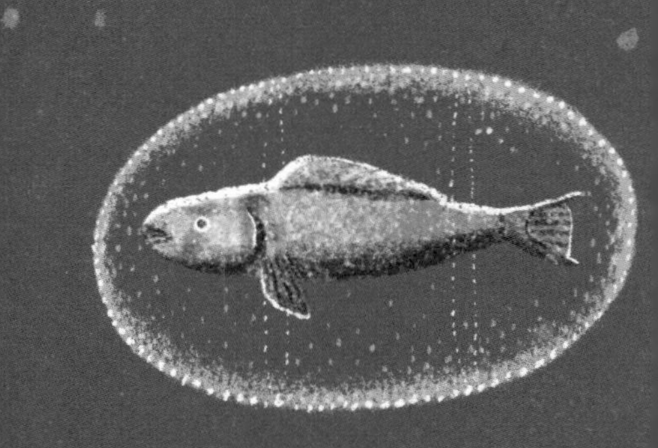

夜行性鱼类拥有可以吸收微弱光线的大眼睛。另外，有些夜行性鱼类是深红色的。黑暗的夜晚，它们身上的红色能够快速褪去，表现为灰色和黑色，使它们融入周围的环境中。

来自深海的访客

鹦鹉螺生活在深海，只有在夜晚它们才会上浮到浅海的珊瑚礁附近猎食或捡些虾蟹吃。鹦鹉螺和章鱼的亲缘关系很近，但鹦鹉螺仍然保留着它们的壳。鹦鹉螺的视力很差，所以它们只能通过嗅觉找寻食物——越臭越喜欢！

大堡礁的邻居们

软骨鱼

前面介绍了大堡礁里的硬骨鱼——它们的骨骼是由硬质骨组成的，就像我们人类大腿和手臂的骨骼一样。还有一些鱼，它们的骨骼是由软骨组成的，可以弯曲，和我们的耳朵以及鼻子末端的骨头一样。这两页图中的鱼是鲨鱼和魟鱼，它们都是软骨鱼。从体形庞大而令人胆怯的鼬鲨（虎鲨）和公牛真鲨，到看起来一点儿也不像鲨鱼的斑纹须鲨、斑点长尾须鲨，在大堡礁里，你可以发现多种多样的软骨鱼类。

过着平平无奇的生活

魟鱼、鳐鱼和鲼鱼都是鲨鱼的近亲，但它们的身体是扁平的。魟鱼看起来像是一张长着长尾巴的煎饼，尾巴上还有一根尖刺。鲨鱼的鳃长在身体两侧，而魟鱼、鳐鱼和鲼鱼的鳃长在身体下方。鹞鲼和前口蝠鲼在游泳时，会扇动它们三角形的胸鳍，看起来就像巨大的鸟儿在水下飞翔。

魟鱼

海洋哺乳动物

鲸和海豚被统称为“鲸类动物”，它们都是海洋**哺乳动物**。在大堡礁及其周边生活着至少30个鲸类物种。米加卢（Migaloo）是世界上最著名的鲸，它是一头**白化**的雄性大翅鲸（座头鲸）。在过去20多年里，人们经常在大堡礁附近看到它。

侏儒小须鲸

大翅鲸（座头鲸）

朗朗上口的曲调

大堡礁的大翅鲸会在南半球的夏季去往南极，享受**磷虾**盛宴。每年冬季，这些巨兽会来到大堡礁，在温暖的海水里交配，生育幼仔。雄性大翅鲸会吟唱优美的歌曲并传递给同类，这些曲调由长短不一的叫声组成。歌曲被传递开来，这里就像一个鲸鱼电台！最终，数千千米外的大翅鲸也能吟唱同样的曲调。

对一些鲸和海豚来说，声音还有另外一种用途——回声定位。这些动物发出声波脉冲，倾听被反弹的回声，然后用它们的大脑破译这些回声。通过这种方式，即使是在什么都看不见的时候，它们也能知道自己距离水下的其他生物和障碍物有多远。

水草爱好者

成群的儒艮沿着大堡礁游动。儒艮的眼睛小，视力不佳，但是它们口鼻部的胡须可以帮助它们寻找美味的海草丛。一些鲸类动物可以在水下待上一个小时甚至更久，而儒艮则不同，它们通常只能在水下屏气待上一两分钟。

有鳞片的尾巴

如果你认为在大堡礁只能找到鱼类和海洋哺乳动物，那就再好好想一想。大堡礁具有丰富的生物多样性和独特的生存环境，这意味着它还能吸引一些不寻常的爬行动物。

扭动的泳者

海蛇长着扁平的尾巴，擅长游泳，但和它们的陆生同类一样，仍然需要呼吸空气。海蛇的肺很长，几乎延伸到身体末端，因此能够容纳足够的空气，令它们在水下一次性停留两个小时之久。在大堡礁发现的14种海蛇都在水中生育后代。

爬行的鳄鱼

体形巨大的湾鳄潜伏在大堡礁沿岸的海滩和红树林中。这些巨大的爬行动物可以长到7米长，它们的咬合力是所有动物当中最强的。

海龟的领地

世界上一共有7种海龟，我们可以在大堡礁见到其中6种。雌性海龟体内有“指南针”，让它们能够感知地球的**磁场**。这有助于它们在浩瀚的海洋中找到返回故乡的路，回到它们出生的沙滩上产卵。产卵结束后，雌性海龟会爬回大海里。一个月后，它们的宝宝将破壳而出，出现在沙滩上，这些宝宝最后也会爬向大海。

棱皮龟

（世界上现存最大的海龟）

玳瑁

平背龟

温度变化带来的麻烦

气候变化也给大堡礁的海龟们带来了困扰。温度会影响海龟宝宝的性别——如果海龟巢穴的温度低于23°C，孵化出的海龟都会是雄性的；如果温度高于33°C，孵化出的海龟都会是雌性的。而如果温度在23°C~33°C，那孵化出的海龟既有雄性的，也有雌性的。目前，在大堡礁孵化的绿海龟宝宝只有1%是雄性的。如果温度持续上升，大堡礁里孵化出的海龟将只有雌性而没有雄性，它们就不能正常交配、繁衍后代，最后种群规模就会缩小。

飞翔的来客

大堡礁上的许多岛屿都是从鹦嘴鱼粪便堆叠成的沙堆开始逐渐形成的。后来，造访沙堆的鸟类带来了种子。种子藏在鸟类的粪便中，落在沙堆里发芽生长，变成了开满多彩花朵的匍匐藤蔓和成簇的鬣刺草。这些植被吸引了更多鸟类前来造访，天空中回响着鸟鸣和翅膀拍打声。

麦克马斯珊瑚礁（Michaelmas Cay）这座小岛是成千上万鸟儿的家，它们在此筑巢，养育毛茸茸的雏鸟。以下是几种常见的在麦克马斯珊瑚礁筑巢的鸟类。

自吹自播的鸟儿

军舰鸟可以在海上飞行数年，只有在寻找伴侣时才会来到陆地上。许多军舰鸟飞到麦克马斯珊瑚礁，在那里，雄性会展示出奇特的姿态。它们会令自己鲜红色的喉囊膨胀起来，并向路过的雌性摆动、摇晃喉囊。这是军舰鸟在声明：“我绝对是这里最好的伴侣！”

人类栖息地

友好的猎人

如果我们乘坐时光机回到几千年前，我们会遇见过去生活在澳大利亚海岸和大堡礁岛屿上的人们。这些人是最早居住在这里的人类，被称为“澳大利亚土著居民”和“托雷斯海峡岛民”。他们依靠大堡礁和这里的岛屿获得生存所需要的一切。他们不仅冒险乘坐独木舟穿过大堡礁去捕鱼和狩猎，还在海底建造石墙作为陷阱，以便在退潮时捉鱼。

数千年来，澳大利亚土著居民和托雷斯海峡岛民以采集野果和猎取生活在大堡礁的动物为生，但并没有对野生种群造成破坏。他们懂得在特定的时间段和区域内停止对某些动物的干扰，如此一来，未来可以收获的总会越来越多。

如今，这些人的后代大多不再生活在他们祖先过去居住的地方了，因为来自欧洲的殖民者强迫他们搬到澳大利亚的其他地方生活。但是这些宗族与大堡礁保有牢固的羁绊，他们仍然有权在此捕鱼和狩猎。只是，他们之中的许多人放弃了古老的方式，不再乘坐独木舟，而是乘坐带发动机的船只，用现代的钓竿和长矛枪捕鱼和狩猎。尽管如此，他们仍然利用祖先留下的知识来寻找动物，判断哪里适合捕鱼和狩猎。正是通过这些方式，澳大利亚土著居民和托雷斯海峡岛民得以保持文化活力，并继续向年轻人传递他们的故事和传统。

传奇故事

目前，世界上共有70多个不同的澳大利亚土著居民和托雷斯海峡岛民群体。每个宗族都有自己的语言，这些语言都在讲述“梦世纪”的故事。“梦世纪”描绘了世界被创造出来的过程，以及人类找到圣地和食物的经历，它是一种精神信仰。现在的我们之所以知道这些故事，是因为它们通过宗族的语言被代代相传至今。有些故事需要保密，只能在宗族内部流传，还有一些是在得到允许后，可以向公众公开的故事。

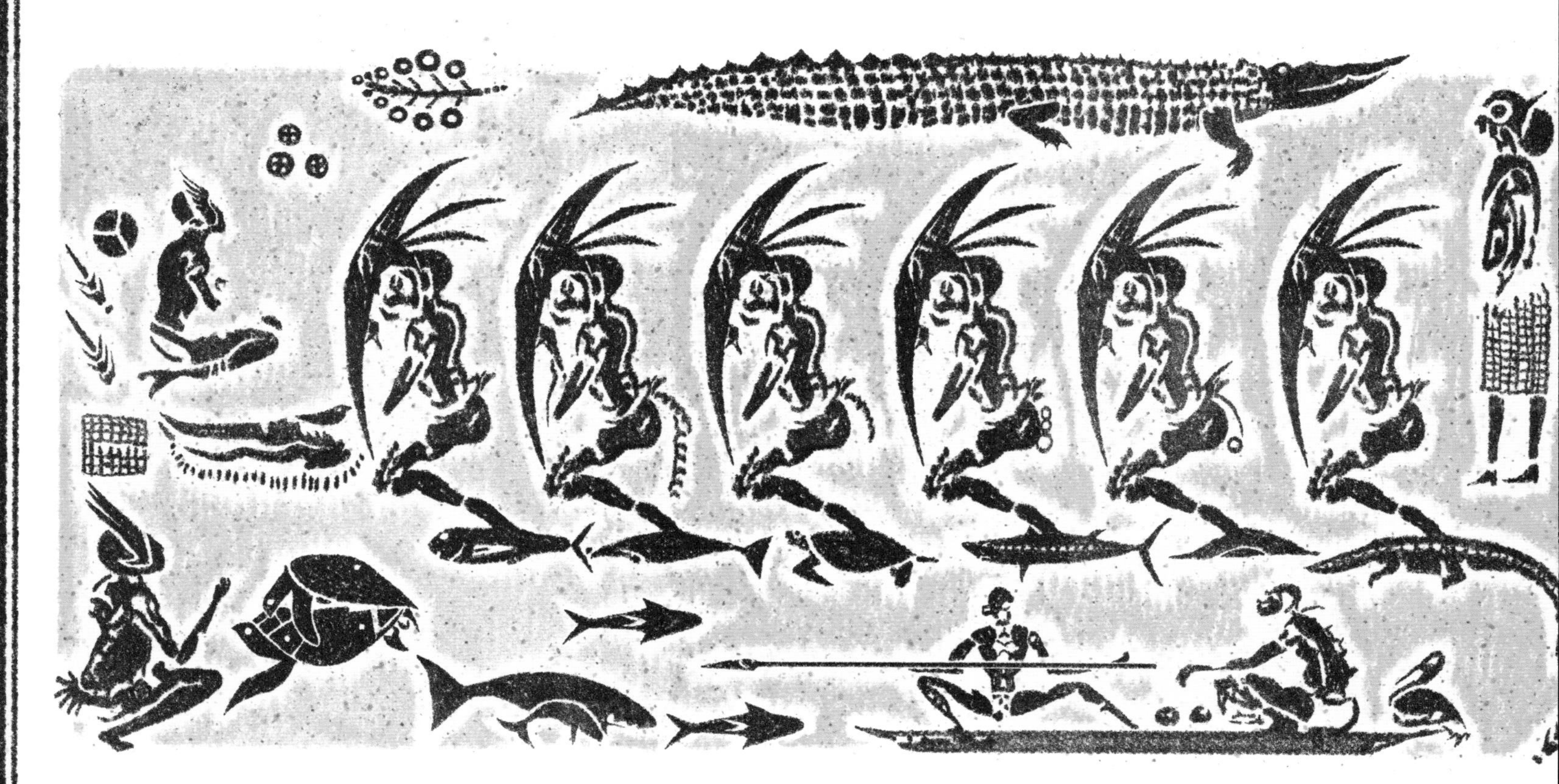

禁止钓鱼

这个故事讲的是两个男孩在禁止钓鱼的地方钓鱼，结果惹了麻烦。海上某个地方生活着一头巨大的犁头鳐，那只犁头鳐的名字叫“杜伊杜伊”（Dhui Dhui），那里是禁止钓鱼的。当男孩们放下钓线等鱼上钩时，杜伊杜伊抓住钓线，把船拖到了地平线外。最后，男孩们变成了星星，加入了星群。被称为“南十字座”的星座就是杜伊杜伊，而南十字座里两颗指示方向的星星就是那两个男孩变的。

鲨鱼的故事

一对父子掉下了船，被困在礁石上。他们整夜等待救援到来，鲨鱼就在周围四处游动，鱼鳍不断掠过他们的腿。然而，这些生物并未攻击他们。讲述这个故事的宗族相信，这名男子和他的孩子之所以能平安归来，是因为鲨鱼对他们来说十分特殊，鲨鱼是他们宗族的图腾，是他们的精神寄托。

新来者

1770年，詹姆斯·库克（James Cook）船长乘坐英国皇家海军“奋进号”（HMS *Endeavour*）抵达澳大利亚，声称澳大利亚是英国的领土。在这次举世闻名的航行中，他还意外地发现了大堡礁。那是6月里一个温和晴朗的夜晚，库克船长的船撞上了大堡礁里的珊瑚礁。起初，库克船长和他的船员感到很困惑：这片水域看起来很开阔，船怎么会搁浅呢？为了自救，他们不得不将许多物品扔下船，让船变轻，能漂浮起来。随后，他们惊奇地发现了水下的秘密。

新的问题

“奋进号”并不是唯一一艘探索过这片海岸的船只。不幸的是，当其他欧洲人抵达这里时，他们意识到大堡礁可以给他们带来巨大的财富。潜水者从海底采集海参，卖到亚洲。在那里，海参被当作美味佳肴。成千上万的海龟被猎杀，它们的壳被用于制作装饰品，它们的肉被用于制作食物。欧洲殖民者还采集了数百万只牡蛎，主要是为了从牡蛎闪亮的贝壳上切下圆片，将圆片做成纽扣。这些殖民者对大堡礁资源的掠夺是没有节制的。直到20世纪，人们才意识到大堡礁的动物正在消失，它们需要被保护。

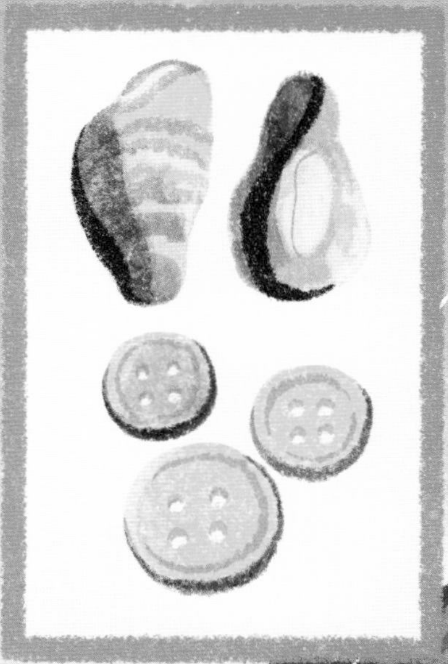

库克船长他们触礁的具体地点现在被称为“奋进礁”。不过那里没有沉船遗迹，因为后来库克船长和他的船员们补好了船上的洞，就继续向北航行了。

和谐共存

自数千年前大堡礁形成以来，人类一直在大堡礁及其附近生活。随着时间的推移，我们已经了解了许多大堡礁和那里的人们的故事，也知晓了该如何跟大堡礁及其居民们和谐共处。

大堡礁的征兆

澳大利亚土著居民十分了解大堡礁在全年发生的变化，并且知道某些自然迹象可以预示什么。例如，当每年的第一场雷雨来临，或者第一群鸽子飞过天空时，他们就知道，猎捕魟鱼的好时机到来了。

大堡礁的工具

过去，人们除了捕食大堡礁的动物，还会利用这些动物制作各种各样的工具。他们从魟鱼的尾巴上取下锋利的尖刺，制成矛尖，还将贝壳雕刻成鱼钩的形状来钓鱼。粗糙的鲨鱼皮被用作打磨木雕的砂纸，尖锐的鲨鱼牙则被用来在木雕上雕刻花纹。而现在，我们已经学会使用各种可替代的材料，或者以可持续的方式获取它们。

神圣的动物

澳大利亚沿海不同宗族的土著居民都有专属动物，也就是图腾。这些图腾动物可能是鳄鱼、鹈鹕、鲨鱼，也可能是章鱼。在一些宗族里，成员不能猎捕和食用自己宗族的图腾动物。一些宗族会赋予每个小孩不同的图腾，并把它们雕刻成吊坠供孩子们佩戴。

大堡礁的艺术

数千年前的大堡礁和今天的大堡礁一样神圣，它是当地居民灵感的宝贵源泉。人们通过充满活力的绘画和精心雕刻的面具展现了他们所目睹的一切，我们至今仍然可以见到这些艺术品。

岩画

在澳大利亚发现的最古老的岩画可以追溯到2.8万年前。其中一些最壮观的岩画景点位于斯坦利岛（Stanley Island）。从澳大利亚大陆乘船出发到斯坦利岛，需要几个小时的时间。沿着岛上的石头小路行走，可以看到一块悬垂的岩石，上面绘着数百幅图画，画中有魟鱼、鳄鱼、海龟、儒艮和许多船只。

华丽的面具

在大堡礁北端的托雷斯海峡群岛，当地人以制作面具而闻名。你可以在世界各地的博物馆里看到这些精美的设计，它们描绘着巨大的人脸或图腾动物（例如鲨鱼和章鱼）。面具由木头或海龟壳制成，并用羽毛、贝壳、椰子纤维和人类头发作为装饰。如今，托雷斯海峡岛民正在复兴这一古老的艺术形式，并用现代材料制作新的面具和头饰。

崭新的黎明

在热水中

海洋正在变暖，这也是大家对大堡礁最大的担忧。大多数科学家都同意这一点。当珊瑚随着海水变热时，它们会感受到环境的刺激，吐出虫黄藻。没有了虫黄藻，珊瑚虫会变得透明，珊瑚礁会变成幽灵般的白色。这个现象被称为“珊瑚白化”。珊瑚虫并不只是失去了颜色，还失去了主要的食物来源，因此它们开始挨饿。由于近期的气候变化，大堡礁已经连续两年出现珊瑚白化现象了，分别是2016和2017年，后来，在2020年，这种现象也出现了。

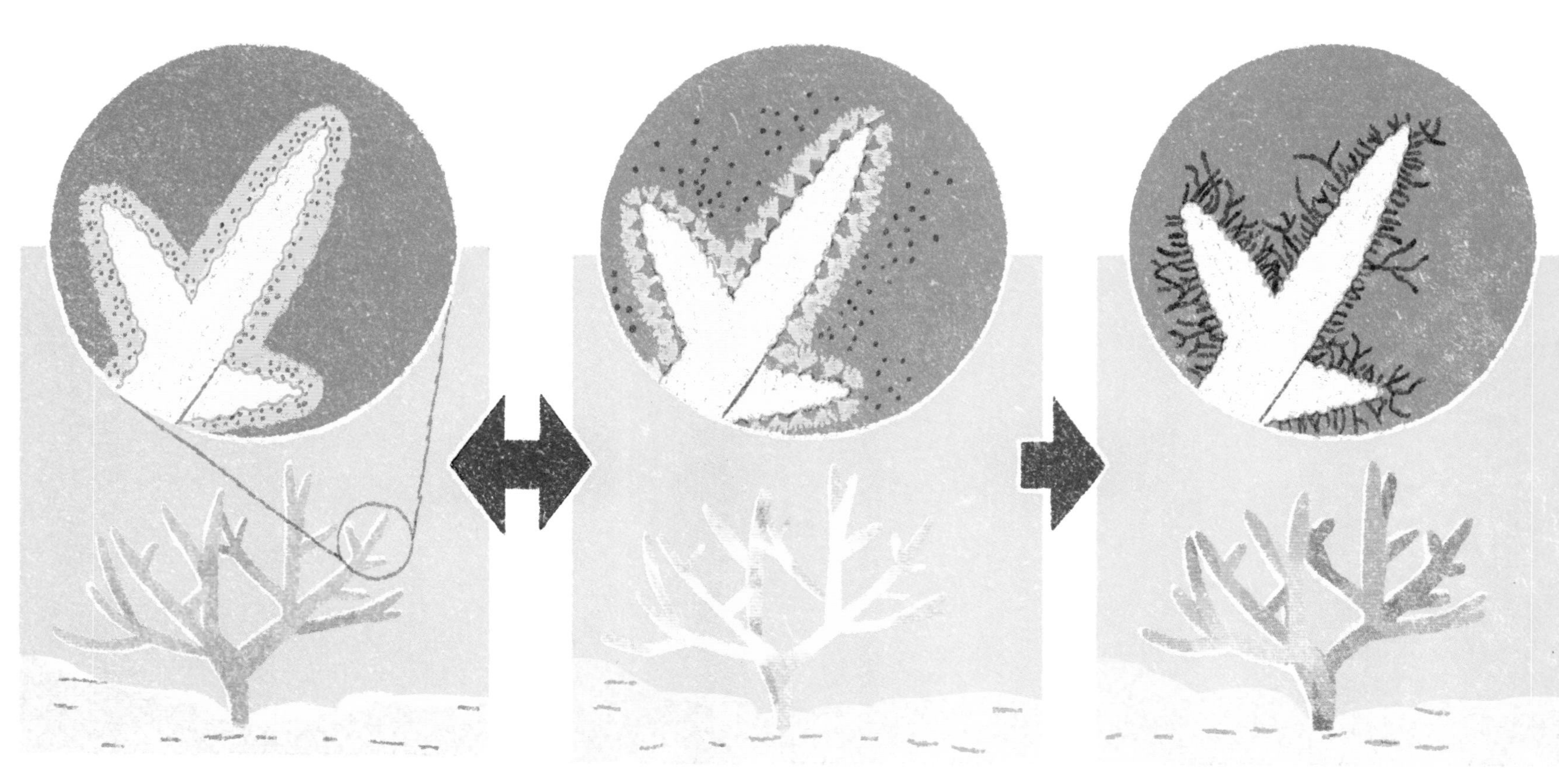

健康的珊瑚　　*白化的珊瑚*　　*死亡的珊瑚，上面覆盖着草皮状的藻类*

特里·休斯

特里·休斯（Terry Hughes）是一位专门研究珊瑚白化的科学家。他带领团队利用直升机和小型飞机在珊瑚礁上空飞上飞下，拍摄珊瑚礁变白区域的面积，以衡量珊瑚白化的程度。

气候变化主要是由**化石燃料**（例如石油和煤）的燃烧引起的。这些燃烧活动向空气中释放二氧化碳，将太阳光的热量困在大气层内，导致地球及海洋变暖。

大约有四分之一的二氧化碳排放物溶解在海洋里，造成了所谓的“**海洋酸化**”。随着海水的酸性越来越强，那些具有碳酸钙贝壳和外骨骼的海洋动物（例如软体动物和珊瑚）生存受到了越来越大的威胁。珊瑚虫难以获取足够的被称为“离子”的化学成分，以生成它们的外骨骼，已有的外骨骼也开始分解。

塑料问题

我们扔进垃圾桶或冲进马桶里的东西，通常最终会出现在海洋里。塑料垃圾在海上漂荡数百年也不会完全分解。每一分钟，都有体积相当于一辆卡车的塑料垃圾被倒入海洋里，其中有许多还会漂到珊瑚礁上。

塑料海洋

细菌和**病毒**等**微生物**可以附着在塑料上，这些微生物会使珊瑚受到感染而生病。被感染的珊瑚的颜色会变得奇怪，长出难看的斑点，而且常常会死亡。当大块的塑料碎裂，或我们衣服里的**合成**纤维被水冲洗出来时，也会形成**微塑料**。珊瑚虫可能会吃掉这些微小的塑料碎片，导致它们的胃被堵塞。

向塑料说不

世界各地的人们每分钟会购买一百万个塑料瓶！我们使用的一次性塑料瓶越少，产生的塑料垃圾就会越少，海洋受到的污染也会越小。下次去商店里购买衣服时，我们也可以查看衣服的标签，尽量购买用棉花和羊毛等天然纤维制成的衣服，少买用尼龙和聚酯纤维等合成材料制成的衣服。我们还可以在买菜时用环保购物袋替代塑料袋，在喝饮料时不用塑料吸管，不用塑料棉棒清洁耳朵，以此来减少一次性塑料制品的使用。

交织的命运

当珊瑚礁遇到麻烦时，人类作为它的邻居，也会遇到麻烦。随着全球变暖，冰川和冰盖开始融化，导致海平面上升。而海水正在变暖、酸化，珊瑚生活的环境正在恶化，它们的生长速度可能追不上海平面的上升速度。没有了长得高高的珊瑚礁，海浪将缺少阻挡，长驱直入来到海滩上，冲走海滩上的沙子，危及人类的生存家园。

为了阻止海水变暖和酸化，我们需要停止燃烧化石燃料，减少**碳足迹**。我们可以多步行、骑车或乘坐使用清洁能源的列车出行，多吃本地种植、养殖的食物，少吃或尽量不吃从其他国家运过来的食物。

放弃化石燃料

澳大利亚政府曾计划在大堡礁边上修建一座大型煤矿和港口，许多人对此感到愤怒，因为这样做会搅动泥沙，造成更严重的海洋污染。燃烧煤炭也会释放更多二氧化碳，加剧全球变暖和海洋酸化。

其实没有必要再建煤矿。我们可以把化石燃料留在地下，转而使用其他能源。我们可以利用太阳能、风能和潮汐能来发电，这些能源被称为“绿色能源”，也被称为“可再生能源”，使用这些能源所释放的二氧化碳远远少于燃烧化石燃料所释放的。我们已经知道如何用太阳能电池板和风力涡轮机来发电。我们现在真正需要做的是让全世界都认真对待气候变化，并且投资可再生能源。

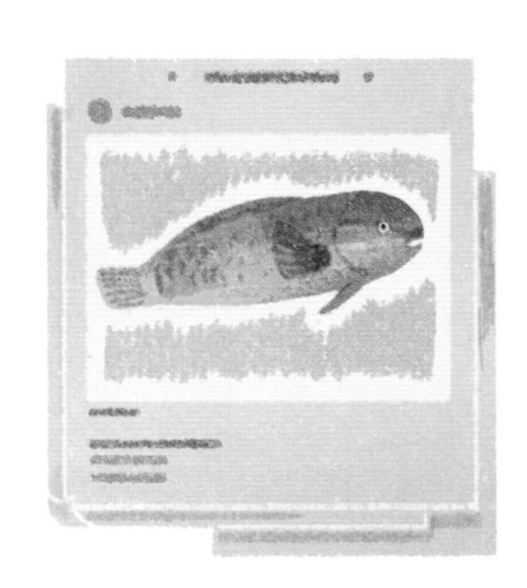

海洋友好型海鲜

保护大堡礁也意味着保护大堡礁的植物和其他动物。有些鱼类（例如鹦嘴鱼）是**植食动物**，它们啃食藻类，阻止藻类过度生长，让藻类难以覆盖、杀死珊瑚。因此，我们在挑选海鲜的时候，可以避开像鹦嘴鱼这样的食藻鱼类，只选择以可持续的捕捞方式捕获的鱼类。

拯救大堡礁

许多杰出的科学家和发明家正在努力拯救大堡礁。他们正在测试不同的技术，试图帮助濒危的珊瑚，让它们变得更强壮。

抓住珊瑚虫

为了应对并改善珊瑚白化现象，一些潜水团队正在收集受精的珊瑚虫卵，他们会在大堡礁爆发规模庞大的多彩“暴风雪”时进行收集。接着，他们会把收集来的卵释放到珊瑚已经白化死亡的地方。这么做是为了让珊瑚幼虫在这些地方定居下来，形成新的群体，帮助珊瑚礁重生。

玛德琳·范·奥本教授

玛德琳·范·奥本（Madeleine van Oppen）教授和她在澳大利亚的科学家团队正在培育“超级珊瑚”。他们注意到，一些种类的珊瑚天生就能够适应温度更高的环境。现在，他们正在对这些物种进行杂交培育，以得到更耐高温、可以移植到实验室外大堡礁里生活的珊瑚。玛德琳的团队也在寻找一些特殊的虫黄藻，即使共生珊瑚所处的环境温度升高，这些虫黄藻也不会被珊瑚吐出。如此一来，在全球变暖的情况下，这些珊瑚和虫黄藻更有可能生存下来。

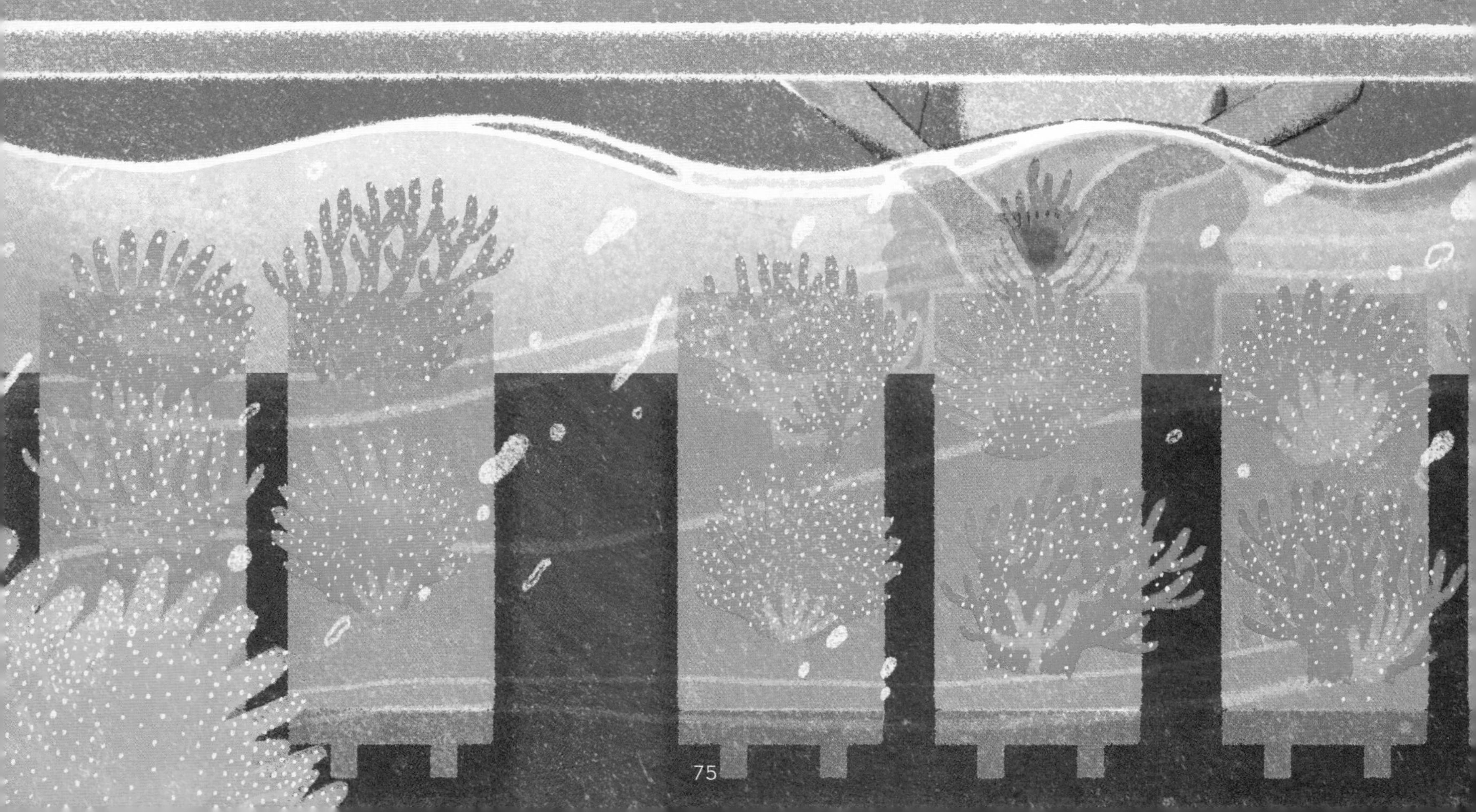

我们共同的财富

大堡礁的未来也掌握在下一代研究它的人们手中。我们需要有人发现它所面临的问题，找出解决问题的方案，并且执行规则来保护它。也许你以后就会是这群人里的一个！

为什么要保护大堡礁？

人们常说，我们要保护大堡礁主要是因为它很值钱——据估计，大堡礁的价值高达560亿澳元（约合人民币2600亿元），其中大部分收入来自游客支付的参观费用。但是我们真的能为这个奇妙的地方定价吗？大堡礁是无可替代的。我们在世界上找不到第二个与它相似的地方。毫无疑问，它比金钱能买到的任何东西都值钱。

希望在未来的岁月里，这座令人敬畏的生命迷宫依然存在，依然充满了刺盖鱼、蝴蝶鱼、珊瑚、小丑鱼、海豚、儒艮、海蛇、海龟、鲸和其他生命，是这些生命使大堡礁成为地球上伟大的奇迹之一。

未来大堡礁将会讲述怎样的故事？

我们现在所采取的行动将会决定未来大堡礁讲述的故事内容。未来的大堡礁会继续讲述令人兴奋的新发现、闪闪发光的物种和古老的神话吗？还是会讲述更悲伤的故事呢？

尽管大堡礁壮美而独特，然而它正在遭受伤害。它无法自愈，只有我们所有人一起帮助它，它才能恢复健康，向我们的后代展示它辉煌的奇迹。

词汇表

B

白化*：生物体由于缺乏色素或色素消退而变白。

保护色：让生物融入周围环境的颜色或纹理。

病毒：一类个体微小、结构简单的非细胞生物，可以引发疾病。

哺乳动物：最高等的脊椎动物，基本特点是体温恒定，母体的乳腺分泌乳汁哺育初生幼体。绝大部分哺乳动物都是胎生的。

C

齿舌：软体动物特有的摄食器官，一般由横列的角质齿组成，齿的大小、数目、形态和排列方式等因种类而异。

赤道：一条环绕地球表面的圆周线，将地球分成南、北两个半球，是一条假想线。

虫黄藻：一类单细胞藻类，与多种海洋无脊椎动物之间是共生关系（如珊瑚和水母），能够通过光合作用获取能量。

磁场：传递物体间磁力作用的场。

E

二氧化碳：化石燃料（例如煤、石油）燃烧之后产生的一种气体，是大气中的温室气体之一。

F

繁殖：生物产生新个体的过程。

浮力：物体在流体（例如海水）中受到的向上托的力。

浮游生物：悬浮于水层中的生物，大多个体微小，活动受水流支配，是许多其他动物（包括珊瑚和某些鱼类）的食物。

G

共生：两个不同物种的生物之间存在的紧密关系，双方共同生活并通过不同的方式获益。

H

海洋酸化：海洋由于吸收了空气中过量的二氧化碳，导致海水酸性增强的过程。

合成：通过化学反应使成分比较简单的物质变成成分复杂的物质。

化石燃料：以煤、石油等天然资源为代表的燃料，燃烧后可以释放能量。

L

磷虾：一类非常小的甲壳类动物，分布广，数量多。

* 此“白化”(albino) 区别于珊瑚的白化 (bleaching)。——译者注

M

麻痹： 身体某一部分的感觉能力和运动功能丧失。

R

软体动物： 一类身体柔软的无脊椎动物，多数具有钙质的硬壳。

S

声呐： 利用回声定位原理，即声波在水中的传播和反射来进行导航和测距的技术或设备。

双壳类： 一类软体动物，生活在水中，有两片贝壳，并由铰合部连接。

水螅体： 一类微小的海洋生物，本书特指组成珊瑚群体的微小动物个体。

T

碳酸钙： 组成珊瑚骨骼和软体动物贝壳的白色物质。

碳足迹： 某人或某物通过各种活动产生的温室气体排放总量。

头足类： 一类软体动物，在头部四周长着许多足。

W

外骨骼： 节肢动物等无脊椎动物体外的硬壳以及某些脊椎动物体表的鳞、甲。

微生物： 个体微小、结构简单的生物的统称，绝大多数个体用显微镜才能观察到。

微塑料： 直径小于5毫米的塑料碎片和颗粒。

吻部： 动物的口鼻部，也指无脊椎动物的口器或头部前端突出的部分。

无脊椎动物： 体内没有脊椎骨或脊索的动物。

物种： 生物分类的基本单位，包含所有具备相同特征的特定类型的生物。

X

细菌： 一类个体微小、没有真核的单细胞生物，一般都通过分裂繁殖。有的细菌对人类有利，有的则会使人类、牲畜等感染生病。

显微镜： 用于观察微小物体的科学仪器。

Y

氧气： 由氧元素组成，空气中含量第二高的气体，是需氧型生命体存活所需要的气体。

夜行性（动物）： 通常在夜间活动、在白天休息的动物。

Z

真菌： 一类具有真核细胞的生物，菌体由单细胞或多细胞的菌丝组成，主要靠菌丝体吸收外界现成的营养物质来维持生活。有些真菌以腐烂的物质为食，例如蘑菇或霉菌。

植食动物： 只吃植物的动物。

图书在版编目（CIP）数据

大堡礁 / (英) 海伦・斯凯尔斯著；Lisk Feng绘；曾千慧译. -- 福州：海峡书局, 2022.8
书名原文: The Great Barrier Reef
ISBN 978-7-5567-0978-6

Ⅰ. ①大… Ⅱ. ①海… ②L… ③曾… Ⅲ. ①大堡礁—少儿读物 Ⅳ. ①P737.2-49

中国版本图书馆CIP数据核字(2022)第083389号

审图号：GS京（2022）0033号

出 版 人：林　彬
选题策划：北京浪花朵朵文化传播有限公司
出版统筹：吴兴元
编辑统筹：冉华蓉
责任编辑：廖飞琴　潘明劼
特约编辑：胡晟男
营销推广：ONEBOOK
装帧制造：默白空间・闫献龙

大堡礁
DABAOJIAO

著　　者：[英] 海伦・斯凯尔斯
绘　　者：Lisk Feng
译　　者：曾千慧
出版发行：海峡书局
地　　址：福州市白马中路15号海峡出版发行集团2楼
邮　　编：350001
印　　刷：天津联城印刷有限公司
开　　本：700 mm × 1000 mm　1/8
印　　张：10
字　　数：110千字
版　　次：2022年8月第1版
印　　次：2022年8月第1次
书　　号：ISBN 978-7-5567-0978-6
定　　价：108.00元

读者服务：reader@hinabook.com 188-1142-1266
投稿服务：onebook@hinabook.com 133-6631-2326
直销服务：buy@hinabook.com 133-6657-3072
网上订购：https://hinabook.tmall.com/（天猫官方直营店）

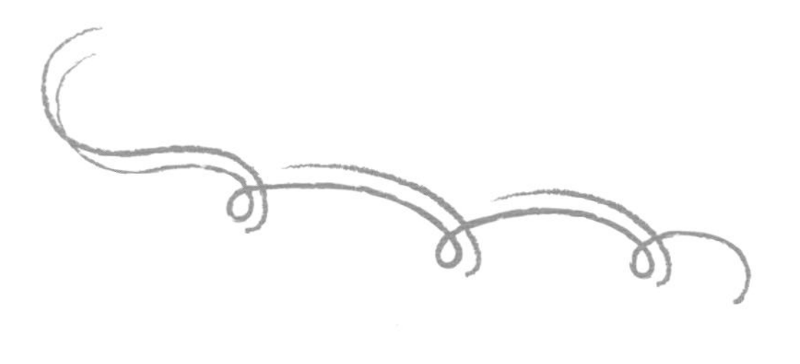